AF312756

DESCRIPTION

DE

CE QU'IL Y A DE REMARQUABLE

A LA MÉNAGERIE,

ET AU CABINET D'HISTOIRE NATURELLE;

CONTENANT

La vie et les mœurs des Animaux féroces qui sont renfermés tant à la Ménagerie que dans la Vallée suisse :

SUIVIE

Des Curiosités qui se trouvent au Cabinet d'Histoire Naturelle.

A PARIS,

Chez L. P. SÉTIER, fils, Cloître St.-Benoît, N°. 21, près la place Cambray.

1811.

LE PETIT CONDUCTEUR

AU

JARDIN DES PLANTES

Ce superbe Jardin, dont on vient d'augmenter l'étendue et les agrémens, présente dans toutes les saisons l'image du printemps et les richesses de tous les pays. Il est le plus vaste et le plus grand qui existe; il est composé d'arbres, d'arbustes, et de chaque espèce de végétaux de tous les pays de la terre. Le cabinet et le jardin offrent en raccourci des productions de la nature entière. C'est la promenade la plus salubre et la plus agréable de la capitale. On y entre par une grande grille du côté de la Seine, et faisant face au nouveau pont de fer, nommé *Pont d'Austerlitz*, et par une porte qui se trouve rue du Jardin des Plantes, au haut du faubourg Saint-Victor. Il y a aussi une autre entrée dans la rue de Seine. Le cabinet d'Histoire naturelle est ouvert au public les mardis et vendredis, et aux étudians tous les jours, excepté les dimanches et fêtes; il y a une bibliothèque à leur usage. Au bas d'une petite éminence, que l'on appelle le *Labyrinthe*, on voit à gauche un monument en rocailles et pétrifications, où est enterré Daubenton, élevé par les naturalistes français, en 1793.

(4)

Ce jardin de l'Ecole de Botanique contient
environ sept mille plantes. Il y a une ménagerie contenant des animaux de toute
espèce. A partir du côté de l'amphithéâtre,
situé du côté de la rue de Seine, s'étend
jusqu'au bord de la rivière une espèce de
vallée champêtre, close de treillage de bois,
qui renferme quantité de cabanes, fermées
par des grillage de châtaigniers, enlacés
avec beaucoup d'art à la manière suisse, et
d'un dessin différent à chaque habitation,
qui est variée dans sa forme, dans sa couleur et sa structure.

Un pont d'une pente insensible formé de
troncs d'arbres de 36 à 60 pieds de long,
sur 3 à 6 de circonférence, excite l'admiration des curieux; d'autres arbres composent
les pilliers qui supportent le pont. Dans la
première partie de la vallée qui fait face à
la salle de démonstration, sont réunis les
animaux d'une espèce rare.

Animaux féroces.

A l'extrémité du jardin sur le bord de
la Seine, sont les animaux féroces vivans,
confiés aux soins de M. Bernard Lazardi,
dont la familiarité avec eux est vraiment
effrayante. A sa voix, le léopard rampe, et
le roi des animaux, le lion, semble oublier
son instinct vorace.

Nota. *Pour se servir de cette notice, il
faut, en entrant par la grille, tourner à*

droite, le premier animal que l'on trouve se nomme :

1. Le chien Braque qui avait été élevé avec une lionne, venant de mourir à la ménagerie.

2. *Rien.*

3. *Idem.*

4. *Idem.*

5. Deux Genets de Tunis, donnés à S. M. par M. Adanson, naturaliste américain.

6. La Hyenne barrée d'Orient. — Elle a été prise à Typoo-Saïb par les Anglais, et acheté à Londres par le Gouvernement français, amenée à Paris par Bernard Lazardi, gardien de la ménagerie impériale.

7. La Hyenne mouchetée d'Afrique, envoyée en France par le capitaine Baudin, pendant son expédition de Botany-bey ; ce féroce et indomptable animal est rangé dans la classe du loup cervier ; il habite l'Égypte, il parcourt les tombeaux pour en arracher les cadavres ; le jour, il attaque les hommes, les femmes et les enfans, et les dévorent. Il porte une crinière sur son dos, barrée comme le tigre royal ; celle-ci est de la même espèce que celle que l'on voit au cabinet d'Histoire Naturelle, et qui a dévoré, dans le Gévaudan, une grande quantité de personnes.

8. *Rien.*

9. La belle Constantine, veuve du roi des animaux ; elle perdit son époux il y a trois ans, il était âgé de dix ans. Le 19 brumaire an 8, elle mit au monde trois lionceaux

mâles, et les alaita pendant deux mois et demi. Le 26 messidor an 9, elle donna encore le jour à deux jolies petites lionnes; elle est la doyenne de la ménagerie impériale.

10. Lionne donnée par le roi de Maroc.

11. Le grand lion donné par le roi de Maroc.

Un grand naturaliste, en parlant du lion, en donne la description suivante :

La noblesse, la force, l'agilité ont les apanages de ce quadrupède, dont la taille est majestueuse, la démarche grave et fière, la voix effrayante, le mouvement souple, accoutumé à se désaltérer du sang des animaux qu'il déchire ou qu'il dévore, sa férocité redouble à la présence du sang répandu. Il est dangereux d'attirer son ressentiment. Terrible dans sa colère, ses yeux étincèlent; la peau de sa face est mobile, sa crinière se hérisse et s'agite; les coups de sa queue dont il se bat les flancs, terrasseraient un homme; sa langue avancée, ses dents menaçantes, son mugissement affreux inspire la terreur. En vain l'objet de sa colère voudrait lui échapper. Il s'élance par sauts et par bonds, saisit sa proie, l'immole à sa vengeance, la met en pièce, et assouvit sa cruauté dans le sang qu'il fait ruisseler. Mais s'il ne pardonne point une offense, il est sensible au bienfait, dont il ne perd pas le souvenir.

Le Lion habite les climats brûlans de l'Afrique et de l'Asie : les grands lions sont longs de huit ou neuf pieds, et hauts de quatre ou cinq. On donne aux lions et aux lionnes de la ménagerie du Muséum, dix à douze livres de viande par jour, et pour vingt-quatre heures. Ce repas est promptement terminé. Ils menacent alors tout le monde, même le gardien.

12. La lionne avec son chien barbet qui a été élevé avec elle, provenant de la ménagerie d'Hollande.

13. Le jeune lion donné par le bey d'Alger.

14. *Tigre royal du Bengale.*

Il vient de la ménagerie de Typoo-Saïb, et a été acheté par M. Picot, et amené à Paris, par M. Bernard Lazardi, gardien de la ménagerie.

Ce quadrupède redoutable habite les contrées sauvages et les îles désertes de l'Asie et de l'Amérique. La force, l'agilité, la légèreté, la souplesse secondent son naturel féroce et carnassier. Cruel par instinct, méchant par caractère, furieux par habitude, toujours altéré de sang, cet animal destructeur, sans attendre le besoin, sans être excité par le desir de la vengeance, étrangle et met en pièces tous les êtres qu'il peut apercevoir. C'est un tyran brutal qui voudrait dépeupler l'univers, pour régner seul au milieu des victimes qu'il égorge à sa fureur aveugle. . . . .

15. Un Janard, envoyé par le général Rochambeau, qui en a fait présent à S. M.

16. La Panthère du Cap-de-Bonne-Espérance, envoyée à S. M. l'Impératrice par M. Genty.

17 et 18. Les deux petits lionceaux.

19. Le castor du Canada, venu de la ménagerie vénitienne. On sait que le castor construit lui-même des maisons avec sa queue qui lui sert de truelle.

20. Une chienne louve de la ménagerie; elle est engendrée d'une louve et d'un chien; elle est très-féroce : c'est le sieur Bernard qui est parvenu à les faire accoupler.

21. Les deux loups noirs.

22. Le loup de la Sibérie d'une douceur extraordinaire, provenant de la ménagerie d'Hollande.

23. Les deux porcs-épics du Cap de Bonne-Espérance, envoyés à S. M. par M. Jansens, gouverneur du Cap.

24. Le Conguar de la Guyanne, envoyé à S. M. par feu le général Leclerc.

25. La hyenne d'Orient.

26. La panthère d'Afrique, provenant de la ménagerie d'Hollande.

27. L'ours noir de l'Amérique.

Voici ce qu'en disent les naturalistes :

L'Ours cherche les lieux solitaires, où il se nourrit de fruits, de fourmis, de poissons, il aime sur-tout le miel; paresseux et tranquille, il ne combat que celui qui le provoque, mais il le fait avec intrépidité : la femelle sur-tout est fort dangereuse, si elle croit ses petits en danger. Le mâle et la femelle n'habitent point ensemble : s'ils ne peuvent trouver un antre pour se gîter, ils en construisent un avec des branches d'arbres, et le rendent impénétrable à la neige. C'est là qu'ils passent l'hiver et sucent leurs pattes, d'où il sort une humeur graisseuse. Sa peau est la plus estimée des fourrures communes.

Sortant de la ménagerie des animaux féroces pour rejoindre la grande ménagerie dans l'allée des maronniers, vous trouvez dans les fossés, savoir : le premier fossé,

1. L'ours brun, s'appelant *Martin*.

2. Le second fossé deux ours noirs, dont l'un se nomme *Tautin*.

3. Le troisième fossé, l'ours noir se nommant *Jacques*.

Deux Chameaux d'Asie, mâle et femelle.

Ces deux chameaux appartenaient au prince de Ligne et étaient dans son château près Bruxelles.

Deux Dromadaires, mâle et femelle.

Ils ont été donnés à la République par le dey d'Alger : le mâle a sept pieds et la femelle en a six.

Le chameau et le dromadaire ne sont qu'une variété de la même espèce et multiplient très-bien ensemble, comme on l'a vu à Paris en 1752.

Biche d'Asie.

La biche est la femelle du cerf, elle ne porte point de bois. Celle-ci est une espèce d'animal naturel aux pays chauds, qui porte un bois de la même forme que celui du cerf, mais qui ressemble au daim pour la corpulence. Son corps est marqué de taches blanches également disposées et séparées les unes des autres : elle vient de Hollande et est âgée de quinze ans.

Daim mâle, sa femelle et un faon.

Cet animal, inférieur au cerf pour la force et la souplesse, en a presque toutes les habitudes naturelles : il vit dans les bois, se nourrit de jeunes branches, rumine, renouvelle son bois tous les ans, est inconstant dans ses amours. Les daims se plaisent dans les climats tempérés et dans les collines.

Taureau et Vache de la Romagne.

Ils sont semblables aux nôtres, seulement ils sont plus petits, mais leurs cornes prennent beaucoup plus d'accroissemens.

Bouc.

Le bouc est le mâle de la chèvre ; il est des boucs sans cornes ; celui-ci, par une singularité piquante, en a quatre.

Moutons de Barbarie.

Du côté de l'orangerie l'on voit des moutons de Barbarie ; leur laine est d'un brun roux ; ils ont cela de particulier, que toute leur graisse se porte aux reins ; leur queue devient si grosse, qu'on en voit qui pèse jusqu'à vingt-livres, on est obligé de la soutenir avec une petite brouette.

Autruche femelle.

En quittant les bâtimens, dans le parc attenant le pont, se promène gravement une autruche femelle. Cet oiseau habite les dé-

...rts de l'Afrique et de l'Ethiopie; ses ailes ne lui servent point à voler, mais à donner plus de vivacité à la rapidité de sa course. La chasse de ces animaux est un des grands plaisirs des princes Africains.

Bouqueins.

Dans le parc, à gauche de celui de l'éléphant l'on voit des bouquetins mâle et femelle, et un petit. Ces habitans des Alpes, au milieu des neiges et des glaces qui ne fondent jamais, sont plus grands, plus forts, plus légers que les boucs domestiques.

Le Gnou.

Le Gnou, qui est de la taille d'un âne, a la forme du cheval, la tête du bœuf et les pieds du cerf.

De longs poils blancs garnissent ses paupières, de manière que l'œil, qui est noir, se trouve placé comme au centre d'une multitude de rayons. Tout le devant de la tête est couvert de longs poils noirs, durs comme du crin ; les cornes très-voisines l'une de l'autre prennent naissance au haut du front et se dirigent vers le bas, pour se recourber brusquement dans leur milieu et prendre leur direction en haut. Entre ces cornes naît une crinière épaisse, composée de poils longs, roides, noirâtres à la pointe et blancs à la racine; elle s'étend jusqu'au dos. Sous la mâchoire inférieure commence une autre suite de longs poils noirs et roides qui descend jusqu'à la poitrine. Les oreilles sont couvertes de poils noirâtres et fort

courts : le dos est uni , et la croupe ressemble à celle du cheval : la queue est terminée
par de longs crins blancs; tout le corps est
couvert d'un poil court, fauve et blanc à
la pointe.

Ces animaux se trouvent en assez grand
nombre dans plusieurs contrées de l'Afrique. On peut les apprivoiser jusqu'à un
certain point ; mais ils ne deviennent jamais assez familiers pour se laisser toucher.

Cerf du gange, avec deux femelles et un Faon.

Le cerf du Gange, comme la biche d'A-
sie, mouchetée, forme la nuance entre le
cerf et le daim , et sont originaires des pays
chauds.

On retrouve en eux les mêmes mœurs
et les mêmes habitudes que ceux de nos pays.

Le Zèbre.

Le zèbre est peut-être, de tous les animaux quadrupèdes, le mieux fait et le plus
élégamment vêtu. Il a la figure et les graces
du cheval, la légèreté du cerf. Sa peau est
rayée de rubans noirs et blancs, ou d'un
blanc tirant presque sur le jaune. Il semble
que la nature ait employé la règle et le com-
pas pour le peindre. Ces bandes sont paral-
lèles, séparées exactement comme dans une
étoffe rayée, et elles s'étendent non-seulement sur le corps, mais sur sa tête, sur
les cuisses et les jambes, et jusques sur
les oreilles et la queue, en s'élargissant

à proportion que les parties sont plus charnues.

Dans la femelle, les bandes sont noires et blanches, et dans le mâle, noires et jaunes, mais toujours d'une nuance vive et brillante, sur un poil court, fin et bien fourni, dont le lustre ajoute encore à la beauté des couleurs.

Le Zèbre est, en général, plus petit que le cheval et plus grand que l'âne. Il a la jambe fine, les oreilles d'une grandeur médiocre, la queue plus alongée que celle de l'âne et terminée par des crins beaucoup moins longs que ceux du cheval, et qui partent de l'extrémité.

Vautours.

Les quatre Vautours que l'on voit ici, sont frères; ils ont été pris sur les côtes d'Afrique.

Les Casions de la Nouvelle-Hollande; à côté, le marabou, oiseau extraordinaire par la conformité de ses pattes et de son bec, placé dans la classe du pélican.

MM. les Singes.

Le Papion, autrement le grand Babouin femelle, de la côte de Guinée.

Cet animal se trouve aux îles Philippines et au Cap de Bonne-Espérance. Il y en a de grands et de petits. Le papion marche plus souvent à quatre qu'à deux pieds; il est fort et robuste. Le naturel de cet animal est féroce et méchant, mais les traits principaux de son caractère sont l'impudence et la lubricité. L'aspect d'une femme excite son effronterie : il affecte de montrer ses fesses couleurs de sang, nues, calleuses, et pousse l'effronterie jusqu'à faire parade de ses nudités. Sur cet article, il est incorrigible.

A côté du papion, l'on voit deux singes mâle et femelle, mais de différente espèce. *Manicou*, ou *Marmose*, *deux femelles*.

Ce joli petit animal d'Amérique, a les mœurs, la manière de vivre et d'élever ses petits du *Didelphe*. Il n'a pas de bourse. Il porte ses petits sur le dos ; ceux-ci entortillent leur queue autour de celle de la mère.

Loselo.

C'est un chat tigre. Il a été envoyé de Saint-Domingue, par le général le Clerc.

La collection des Péroquets provenant de la ménagerie d'Hollande.

Genettes de Tunis.

Ces animaux sont du genre des civettes. La genette, au lieu de poche, n'a qu'un sillon odorant. Celles-ci viennent de Tunis, et ont été données par M. Adanson.

Chèvre des Alpes, ou *Chamois.*

Cet animal sauvage se plaît dans les lieux

les plus escarpés, au milieu des précipices
qu'on voit sur les Alpes, les Pyrénées. Timides, alertes, méfians, ils vivent en
troupe, redoutent la grande ardeur du
soleil, ils vont paître l'herbe, chercher des
racines, le matin et soir. Pendant que la
troupe mange tranquillement, il y en a toujours un qui fait le guet. Au moindre
danger, il les avertit par un sifflement, et
la troupe fuit de rocher en rocher.

L'Eléphant.

L'éléphant surpasse en grosseur tous les
quadrupèdes connus. Sa tête est extraordinairement grosse. Ses oreilles sont longues,
larges et épaisses. Ses yeux, quoique grands,
paraissent petits proportionnellement au
reste du corps, mais ils sont vifs et spirituels; son nez, qu'on appelle trompe, est
une espèce de tuyau flexible, en tous les
sens, et assez long pour toucher à terre.

C'est avec le bord de cette même trompe
qui forme comme un doigt, qu'il peut
saisir les choses les plus petites, dénouer
des cordes, déboucher une bouteille, et
faire, en un mot, tout ce qu'on fait avec la
main.

Pour avoir une idée de la force de cet
animal, il n'y a qu'à se figurer qu'il ébranle
la terre sous ses pas; qu'avec sa trompe il
arrache des arbres; que d'une secousse il
fait brèche dans un mur, et qu'il peut
porter sur son dos, une tour armée en
guerre et chargée de combattans. Seul, il

fait mouvoir des machines et transporte des fardeaux que six hommes ne pourraient remuer. Quoiqu'il ait les jambes fort épaisses et les pieds monstrueux, son pas ordinaire égale celui de l'homme le plus agile; aussi fait-il quinze à vingt lieues par jour, et plus de trente quand on le presse; mais avec une conformation si embarrassante, il ne peut aimer le mouvement. Celui qui le conduit lui fait comprendre ses volontés, en le frappant derrière la tête, sur la partie de son crâne qui a le moins d'épaisseur.

L'espèce de l'éléphant est généralement répandue dans toutes les contrées méridionales de l'Afrique et de l'Asie.

L'éléphant est presqu'aussitôt apprivoisé que vaincu. Quinze jours suffisent pour lui apprendre tous les exercices qu'on demande de lui. Du reste, il est intelligent et docile; il exige de son maître de la douceur et de bons traitemens.

Lorsque cet animal est en colère, ce qui lui arrive rarement, il n'y a que deux moyens de l'appaiser; l'un de lui jeter quelques pièces d'artifice enflammées; l'autre de lui demander grâce, car il a de la générosité.

Un homme qui gouvernait depuis longtemps un éléphant, et qui l'avait toujours trouvé docile, tant qu'il n'avait exigé de lui que des choses raisonnables, le maltraita un jour injustement. L'animal, outré de ce mauvais procédé, tua son maître.

cet homme avait une femme et deux fils encore très-jeunes. Sa femme, au désespoir, présenta ses enfans à l'éléphant, comme pour lui dire de les immoler aussi. Ce tableau touchant attendrit l'animal irrité; et pour réparer autant qu'il était possible, le meurtre qu'il venait de commettre, il prit doucement avec sa trompe l'aîné des deux enfans, le plaça sur son dos, le regarda dès-lors comme son maître, et se laissa toujours conduire par lui.

Des Faucons.

Les faucons sont les oiseaux de proie sur lesquels on a le plus écrit; ce sont eux qu'on a principalement nommés OISEAUX DE PROIE NOBLES, à cause de la destination qu'on leur a donnée, et de la facilité avec laquelle on les dresse à la chasse des autres oiseaux : ce qui constitue les principes de la Fauconnerie.

Le faucon habite les montagnes les plus élevées, les plus désertes; c'est pourquoi la nécessité le force d'agir avec ses petits, comme l'aigle doré agit envers ses aiglons: comme lui, il les oblige à aller s'établir au loin, afin de trouver de quoi subsister. Cet oiseau s'élève à une hauteur prodigieuse, et attaque avec courage les oiseaux, sur lesquels il fond perpendiculairement.

Le surnom de niais a été donné par les fauconniers, aux jeunes faucons pris dans leurs nids. Les mœurs que nous venons de peindre

I

appartiennent, non à toutes les espèces, mais principalement au FAUCON VULGAIRE dont on voit ici plusieurs individus, et au GERFAULT, qui est l'oiseau de chasse le plus recherché. On ne trouve guère ce dernier que dans les pays froids, au lieu que les faucons proprement dits, habitent toutes les parties de l'Europe; mais quoique le gerfault ne niche que dans le Nord, on en transporte dans les cours du Levant et en Perse, où on les élève de même pour la chasse.

En continuant de parler du jardin et de la ménagerie, nous observerons qu'ils viennent d'être augmentés et embellis. Un espace immense est couvert en serres chaudes et jardins souterrains, spécialement destinés à la culture des plantes délicates; et une autre partie, nouvellement préparée, est couverte de constructions de toute espèce; elle est connue sous le nom de *Vallée suisse*. On y a réuni, dans différentes enceintes, les animaux qui étaient dans le parc de l'allée des tilleuls. A l'entrée de cette vallée est une étable champêtre, partagée en plusieurs compartimens, lesquels communiquent à des enceintes de verdures, ombragées d'arbres. D'un côté on voit un couple de mérinos, provenant de l'école d'Alfort, de l'autre un parc de petits Merinos, sevrés. Plus loin, une cabane de feuillage renferme des moutons d'Afrique, à large queue et d'une taille

très-haute. Au-delà du pont qui traverse
la vallée, construit à la manière suisse, s'ou-
vre une enceinte d'une plus grande étendue, rafraîchie par un bassin où se jouent
des cygnes et autres oiseaux aquatiques.
Les bords sont animés par la présence de
plusieurs espèces d'oiseaux, des cigognes,
d'un pélican, d'un héron au long bec. A
quelque distance du bassin, est une étable
suisse renfermant deux beaux bufles, mâle
et femelle. Le dessus de l'étable offre l'i-
mage d'une tourelle en ruine, couverte
d'une chaumière à jour, servant de retraite
à quatre bouquetins du mont St-Bernard ;
ils sont armés de grandes cornes qui se re-
courbent jusques sur le milieu du dos. Vis-
à-vis l'enceinte des bufles est un colombier
garni de pigeons d'espèces choisies. D'autres enclos, également garnis de fleurs et
de verdure, renferment des daims, des
cerfs, des biches d'Europe ; un couple
d'Axis, animaux à-peu-près semblables
aux cerfs, mais moins forts et tachetés de
blanc; des casoars de la Nouvelle-Hollande,
oiseaux qui ne diffèrent pas beaucoup de
l'autruche. Une cabane construite à la manière des Arabes, couverte de roseaux jusqu'à terre, dont le sommet en cône est
éclairé par une lanterne en vitrage, contient, dans des étables séparées, trois chameaux d'Asie. Plus loin, vers le logement
du concierge, on voit une longue volière
en grillage de bois et de fers, dont chaque
cage contient une espèce d'oiseaux. On re-

marqué entre autres plusieurs vautours fauves ; trois aigles communs, un autre à tête blanche, quatre pipardes, oiseaux de la nature de l'aigle ; deux Orfrayes (aigles de mer) ; deux vautours ; un milan-royal ; un faucon, un épervier, une cresserelle, espèce de faucon ; une buse, un grand-duc ; deux pintades d'Afrique ; trois sortes de faisans, le commun , l'argenté de la Chine, le doré du même pays ; enfin des poules d'une espèce superbe ; poules à plumes d'autruche, poules anglaises patues ; poules à plumage doré , argenté de la plus grande finesse , la tête ombragée d'une huppe de soie. Au bout de cette volière, douze nouvelles cabanes ont reçu différentes espèces de singes. On bâtit en outre à l'extrémité de la vallée, un vaste édifice en pierres de taille , pour loger en plein air les animaux de la ménagerie.

GALERIES DU MUSEUM.
Des Insectes.

Les insectes seuls garnissent dix armoires ou panneaux.

Il n'est personne qui n'ait entendu parler de l'étonnante métamorphose que subissent ces animaux ; mais quelques-unes ignorent que ces chenilles nues ou soyeuses, qui leur causent tant de dégoût , doivent un jour attirer leurs regards, et exciter leur admiration sous les couleurs brillantes des métaux que nous offrent beaunom de scarabés, ou sous la forme et les couleurs encore plus variées des papillons : c'est, en effet, sous cette forme de chenilles ou de *larve*, assez semblable à un ver, que l'insecte sort de l'œuf ; c'est aussi dans cet état qu'il fait le plus de ravages dans les champs, en rongeant les racines, les tiges, les fleurs et les fruits : mais, après avoir changé plus ou moins souvent de peau, et avoir vécu plus ou moins de temps sur la terre ou dans son sein, il paraît sous une nouvelle forme : alors immobile, ou presque tel, l'insecte n'est plus qu'une *fève* pointue, assez ordinairement brune, et qu'on appelle *nymphe*, ou bien elle est d'un jaune d'or, avec quelques dessins bruns, et on la nomme plus particulièrement *chrysalide*. Quelques chenilles, avant de subir cette métamorphose, se filent une petite demeure ovale dans laquelle elles s'enferment, et c'est une chenille de ce genre qui nous fournit la soie ; d'autres ne font que s'attacher, par des liens de même matière, à des corps durs, ou même s'entourent avec une feuille qu'elles roulent ; toutes enfin choisissent un lieu tranquille, sombre, qui soit à l'abri des vents et de leurs ennemis, pour recevoir leur forme de nymphe, sous laquelle le plus grand nombre, étant dans un état de mort apparente, est incapable de défense. C'est de cette enveloppe que sort, soit la même année, soit l'année suivante, l'insecte parfait ; et c'est dans ce dernier état seulement que la femelle pond des œufs dont les germes passeront par ces différentes métamorphoses avant de présenter des individus semblables à elle.

Les *scarabés*, dénomination dans laquelle on comprenait autrefois plusieurs genres d'insectes, sont très singuliers de formes ; ils vivent dans les terreaux. La plus grande espèce, qui est le *scarabé Hercule*, dont la longue corne est recourbée, est commune aux Antilles.

Des Taupins.

En passant aux deux rang de panneaux suivans, on reconnait les taupins, insectes qui, renversés sur le dos, ont la faculté de bander un petit ressort, lequel, en se débandant, les fait sauter jusqu'à ce qu'en tombant, ils se trouvent sur les pattes.

Des Crapauds.

Il est difficile de parcourir la collection de *crapauds* placée dans ces armoires, sans que toutes les images qui servent à peindre la saleté, les goûts les plus abjects, les habitudes les plus repoussantes, ne s'offrent à la pensée. Mais, quoique ces animaux présentent, comme tant d'autres devenus des objets de dégoût, des observations précieuses au naturaliste, nous nous hâterons de passer à des êtres dont quelques-uns, plus redoutables, ont du moins des formes moins hideuses.

Parmi les grosses espèces, on distinguera le *bossu*, qui a été apporté du Sénégal, le

...... et le *criard*, assez communs à Surinam; le *cornu*, qui est aussi de l'Amérique,
.. l'*agua*, que l'on trouve au Brésil.

Les Serpens.

Les serpens, dont l'organisation, et quelques habitudes principales ont beaucoup de
ressemblance avec les autres reptiles, puisqu'ils changent de peau comme les lezards,
et s'engourdissent également l'hiver dans
nos climats.

Le venin propre à quelques espèces de
serpens, a donné une sorte de répugnance
pour ceux qui sont les plus innocens. Il n'y
a pas bien long-temps encore, le vulgaire,
croyant que ce venin résidait dans leur
langue fourchue, fuyait tous les serpens,
parce qu'en effet ils ont presque tous cette
langue mobile et extensible qu'on a com-
parée à un dard.

Le venin des serpens est placé dans une
petite glande située sous l'œil, d'où il
coule dans une dent percée et que l'animal
ment à volonté. C'est donc en faisant une
piqûre avec l'une de ces deux dents, qu'il in-
troduit en même temps le venin dans la plaie.

Parmi les espèces étrangères que l'on a
réunies dans cette collection, on verra avec
plaisir le *molure*, grand serpent qui se
trouve dans les Indes, et n'est point veni-
meux; le *chapelet*, petit reptile curieux par
l'arrangement des couleurs dont il est paré;
enfin le d'*aboie*, célèbre par le respect, ou
plutôt par le culte qu'on lui rend dans le

royaume de Juida, et aux ministres duquel
on livre les plus belles filles du pays.

Serpens à sonnettes.

Il est peu d'animaux aussi fameux que
les SERPENS A SONNETTES. C'est principalement à l'espèce appelée *Dryinas* que quelques naturalistes ont donné cette dénomination, qui appartient ici au genre même
de ces reptiles, parce qu'en effet presque
tous les individus qui le composent font entendre le même bruit. Nous ne nous arrê-
terons cependant que sur le plus grand, le
mieux connu, qui est le *Boiquira*, que l'on
regarde aussi comme le serpent le plus ve-
nimeux et l'un des plus dangereux qui exis-
tent, parce qu'il s'élance sur sa proie avec
une telle rapidité qu'il est difficile de l'évi-
ter, si son approche n'a été décelée par sa
sonnette ; ce qu'on nomme ainsi n'est autre
chose qu'un assemblage d'écailles sèches et
sonores emboîtées les unes dans les autres,
et qui terminent sa queue. Le bruit que ces
écailles font en se frottant les unes contre
les autres, est assez semblable à celui du
parchemin que l'on froisse, et peut être entendu d'assez loin. Le Boiquira se trouve
dans le nouveau monde ; mais on pense bien
que les Européens l'ont détruit dans plusieurs contrées, et le poursuivent encore
comme l'un des plus dangereux ennemis
que l'homme ait dans ces climats.

Perroquets.

Le *Maypouri*, dont on remarque ici trois beaux individus, n'a que le mérite de son plumage ; car son chant est une espèce de sifflement aigü qu'il répète en volant dans les forêts humides de la Guiane et du Méxique.

Le perroquet de *Paradis*, qui vient de Cuba, doit sans doute son nom à la beauté de ses couleurs, puisqu'il n'a rien d'extraordinaire dans ses mœurs.

Le *Mascarin* s'appelle ainsi, à cause de l'espèce de masque formé par les plumes noires qui entourent son bec rouge.

Le *Vaza*, nom que le perroquet qui est à côté porte à Madagascar, se reconnaît facilement à la petitesse de son bec ; celui-ci apprend assez bien à parler.

Parmi les perroquets à queue longue qui garnissent le reste de cette armoire, se trouvent les plus jolies perruches ; on remarquera surtout, pour leur petitesse, celles appelées *coulacissi*, le *toui d'été*, celles de *Taïti*, qui ne sont pas plus grosses que des moineaux, et celle d'*Alexandre*, que l'on appelle ainsi, parce qu'on croit que ses soldats la transportèrent les premiers dans la Grèce. Au même étage, on remarquera aussi le *guarala*, que les habitans du Brésil appellent *guiraba*, c'est-à-dire, *oiseau jaune* ; c'est une perruche que les sauvages estiment beaucoup, sans doute, à cause de sa belle couleur.

Des Toucans.

Les *Toucans* sont des oiseaux vraiment singuliers par leur bec, qui n'est nullement en proportion avec leur corps. Heureusement que ce bec, qui, comme l'on voit, est dans quelques espèces presque aussi long que le reste de l'animal, n'est pas aussi épais que celui des autres oiseaux : il est d'ailleurs si fragile, qu'ils ne peuvent s'en servir pour briser les objets un peu durs. Ce bec, qui fait que ces animaux ressemblent à des oiseaux ridiculement masqués, n'est pas la seule singularité qu'ils présentent; leur langue est bien aussi curieuse, puisqu'elle est garnie des deux côtés de petites barbes serrées qui lui donnent tellement l'air d'une véritable plume, que, quelques naturalistes lui ont donné ce nom, que désigne aussi celui de Toucan dans le langage des naturels du Brésil.

Malgré la conformation singulière de sa langue, le Toucan est fort bavard ; son chant est une espèce de sifflement qu'il répète vivement et précipitamment pendant fort long-temps; aussi les naturels des contrées de l'Amérique méridionale que le Toucan habite, l'ont-ils nommé l'*oiseau prédicateur.*

Comme il s'apprivoise facilement lorsqu'il est jeune, on a pu observer ses habitudes, et l'on a remarqué que lorsqu'on lui présente quelque graine ou autre fruit

qu'il aime, il le prend, le lance en l'air, ou-
vre le bec et le reçoit dans son large gosier,
ce qui passerait, dans d'autres animaux,
pour un trait d'adresse, fruit d'une éducation particulière.

Les Coucous.

Les *coucous* sont, de tous les oiseaux de
nos climats, ceux qui ont donné lieu à un
plus grand nombre de fables populaires.
Il suffit, en effet, qu'un oiseau ait dans ses
habitudes quelque singularité remarquable,
pour qu'on mette aussitôt sur son compte
une foule d'absurdités. On a dit avec raison
que toutes les vérités se tenaient dans la
nature; on aurait dû ajouter que, toutes
les erreurs se tenaient encore plus intime-
ment. Nous laisserons donc de côté ces pré-
tendues métamorphoses d'épervier en coucou; et le parti que celui-ci prend, pour
ménager ses ailes, de se mettre sur le dos
d'un oiseau de proie, qui se charge com-
plaisamment de le voiturer, depuis les
pays chauds jusqu'en France, au commen-
cement du printemps, et le changement
qui s'opère l'hiver dans l'espèce du Coucou,
qui devient souvent un crapaud; changement qui n'est autre chose que l'effet de la
mue sur ceux de ces oiseaux que quelque
maladie a retenus dans nos climats pendant
l'hiver, où l'on en trouve de cachés dans le
creux des arbres. Il y a plusieurs siècles
que l'on répète les mêmes absurdités, dans

les mêmes lieux, et l'on ne peut pas plus empêcher quelques crédules villageois d'y croire, qu'on ne peut les guérir de la peur des loups-garoux et des revenans.

Mais voici ce qu'on sait depuis long-temps aussi sur le coucou, du moins sur celui d'Europe; c'est que la femelle va pondre dans les nids des autres oiseaux, et particulièrement dans ceux des fauvettes, des lavandières, des bruants, des bouvreuils, etc., dont elle détruit les œufs, ou du moins une partie, avant que d'y mettre le sien. On sait enfin, et c'est ici le plus singulier, que la fauvette ou autre mère adoptive, couve les œufs du coucou avec autant et plus de soin que les siens propres, et qu'elle élève et nourrit les petits, comme s'ils étaient de son espèce.

Nous savons tous que les coucous sont très-inconstans; qu'ils ne s'apparient point, (c'est-à-dire, qu'ils ne s'unissent point par paires, comme les perdrix et un grand nombre d'autres espèces); et ce caractère volage ou indifférent explique en partie leur peu d'attachement pour leur progéniture.

Le coucou ordinaire est le seul qui vienne habituellement en France passer le printems et l'été; ainsi, toutes les autres espèces, sont étrangères à nos climats.

Les Bouvreuils.

Les *bouvreuils* d'Europe, peu remarqués dans nos champs, retiennent les airs qu'on leur apprend, et les rendent avec une voix expressive. Les femelles partagent toutes les qualités des mâles, et même, ce qui est fort rare, elles apprennent à chanter et à parler aussi bien qu'eux. On cite une foule de traits qui prouvent que ces oiseaux, lorsqu'ils sont privés, donnent des preuves de la fidélité la plus touchante : quelques-uns, pressés peut-être par le besoin de s'appareiller, se sont absentés une année entière, et, au bout de ce temps, reconnaissant la voix de leur ancien maître, ont accouru à son appel pour ne le plus quitter; d'autres n'ont pu survivre à la perte de la personne qui les avait élevés; enfin, dans l'état de liberté, ils donnent des marques d'une bienveillance fraternelle dignes d'être remarquées. On assure que les premiers élèves d'une même couvée donnent la becquée aux plus faibles; et l'on a observé que les père et mère restaient unis tout l'hyver, après l'éducation des petits ; ce qui n'est pas ordinaire parmi les oiseaux : aussi les voit-on toujours voler deux à deux, soit dans la belle saison qu'ils passent ordinairement sur les montagnes et dans les bois frais, soit lorsqu'aux approches de l'hyver, ils partent pour les climats plus chauds.

Les Fourmilliers.

Les *carillonneurs* sont remarquables par le cri qu'ils répétent en sautillant, et formant entr'eux un carillon semblable à celui de trois cloches , dont chacune rend un son différent. Leur voix est forte pour leur petite taille, et ce carillon ambulant se fait entendre souvent des heures entières , sans intervalle.

Le *Musicien de Cayenne* a été nommé aussi l'*Arada*, mais il est mieux caractérisé par ce premier titre , qui peint une qualité d'autant plus précieuse dans cette partie méridionale de l'Amérique que, parmi le grand nombre d'espèces qu'on y rencontre, il y en a fort peu dont le chant soit supportable. Les mœurs de ce fourmillier diffèrent d'ailleurs de celles des autres en ce qu'il vit solitaire, et se perche habituellement sur les arbres : c'est là qu'il fait entendre un ramage aussi brillant que varié. On assure même qu'il répète de temps en temps les sept notes de notre octave, à-peu-près comme font les jeunes gens qui s'essaient, et qu'ensuite il siffle des airs de la plus douce mélodie, avec une voix moins aiguë et plus touchante que celle de notre rossignol, ce qui donne à son chant quelque ressemblance avec les airs exécutés sur une flûte très-douce.

Le Beffroi.

Le petit *Beffroi*, est une variété d'un oiseau plus grand , et remarquable par son chant, ou plutôt par le son particulier qui lui a valu son nom, et qui est, dit-on, semblable à celui d'une cloche sonnant l'alarme. C'est surtout le matin , au lever du soleil , et le soir vers son coucher , qu'il fait entendre ce singulier tocsin pendant environ une heure. Les voyageurs assurent que le beffroi de la grande espèce , qui n'est cependant pas plus gros que notre merle , fait entendre le tintement de sa voix à plus d'une demi-lieue.

Les Loriots.

Les *Loriots* , que l'on voit à la suite des fourmilliers, rivalisent pour la plus belle couleur du plumage avec des espèces étrangères très-estimées. Ces oiseaux qui n'ont rien de saillant dans leurs mœurs , ne passent que l'été en France, et sont répandus dans presque tous les pays chauds.

L'organiste de Saint-Domingue.

L'organiste de Saint-Domingue est un oiseau assez rare dans cette ile, et qui répète, à ce qu'on dit , tous les tons de l'octave en montant, et dans le même ordre que nous les parcourons. On assure que l'organiste est très-adroit pour se soustraire aux regards du chasseur, en tournant autour du tronc des arbres.

Le Rossignol.

Le *rossignol* , si justement célèbre dans nos vergers , dans nos campagnes, joue ici un bien petit rôle ; cependant je suis persuadé que les habitans du Cap de Bonne-Espérance, du Brésil ou de la Guiane , si riches en espèces brillantes, en changeraient volontiers quelques unes contre notre chanteur, au modeste vêtement.

Ce n'est pas seulement en Europe qu'on admire le chant de cet oiseau; au Japon, ceux qui ont une belle voix s'y vendent plus de deux mille francs de notre monnaie. Les rossignols blancs qui ne sont pas plus rares que les merles et les geais blancs que nous avons vus, avaient cependant une grande valeur à Rome, sans doute, parce qu'au mérite de la rareté, ils joignaient la voix naturelle à toute l'espèce. L'on rapporte que du temps de l'empereur Claude, on donna à sa femme Agrippine un rossignol blanc qui avait coûté plus de cinquante mille francs de notre monnaie.

Le Paon.

Le paon spécifère, qui doit son nom à l'aigrette en épi qu'il a sur la tête, est le même que les anciens naturalistes ont appelé paon du Japon.

Le beau *paon blanc mâle*, variété du paon vulgaire, assez commune en Norwège, et dans d'autres contrées du nord, présente une exception assez rare aux variétés; c'est que la blancheur du plumage se transmet aux générations suivantes, même lorsque ces oiseaux, qui, sans doute, ont subi cette altération dans le nord, multiplient dans le midi.

Les Pélicans.

Les Pélicans, célèbres par un dévouement maternel fort exagéré, se voient également soit dans les mers du nord, soit dans les contrées méridionales; ils sont seulement très-rares sur nos côtes. La conformation du pélican est beaucoup plus curieuse que sa vie privée. Cette longue poche dans laquelle il met sa provision de poisson, ou d'eau, et dont il fait sans doute part à ses petits, n'offre rien d'assez remarquable pour qu'on doive en faire l'emblème de l'amour maternel; les cigognes, les perdrix même sont, à cet égard, plus dignes de nous intéresser : au surplus, ces oiseaux qui nagent ordinairement par troupes, s'apprivoisent assez facilement, et on les élève de même que les cormorans, à rapporter leur pèche.

Les Colibris.

L'oiseau-mouche est la plus petite espèce des colibris. On voit de ces oiseaux aux îles Antilles, en Amérique, aux Indes orientales. Tout se réunit pour en faire des oiseaux charmans : odeur agréable, richesse de couleurs, finesse de taille, manière de vivre. On les entend voler plutôt qu'on ne les voit; ils se nourrissent du suc des fleurs; leurs œufs sont de la grosseur d'un petit pois : les petits nouvellement éclos, sont gros comme des mouches. Le courage de ces colibris est encore au-dessus de leur force. L'oiseau que l'on nomme Gros-bec, est friand de leurs œufs : lorsqu'il approche du nid, le père et la mère s'élancent sur lui, le poursuivent, s'attachent sous ses aîles, le percent de leur bec fin et effilé comme une aiguille, et le poignardent jusqu'à ce qu'il périsse.

Le Paresseux.

Il est peu de physionomies aussi curieuses que celles des paresseux, animaux misérables qui doivent ce nom moins à leur naturel, qu'à leur bisarre conformation, seule cause de leur lenteur : habitans des contrées méridionales et désertes des deux mondes, ils ne multiplient sans doute que là où ils n'ont pas d'ennemis; car rien ne saurait les soustraire à leur recherche, puisqu'ils marchent si lentement, qu'ils sont quelquefois plusieurs jours pour aller d'un arbre à l'autre, afin de manger les feuilles qui font leur principale nourriture.

Le Rhinocéros.

Les rhinocéros (placés hors des armoires) sont des animaux lourds, stupides, qui se plaisent dans les lieux solitaires et marécageux. Quoiqu'ils ne soient pas très-féroces, ils sont cependant indomptables, et ne s'apprivoisent point comme les éléphans, avec lesquels ils se battent quelquefois. Celui d'Asie n'a qu'une corne, mais celui d'A-

...frique en a deux ; et , comme elles ne tiennent qu'à la peau , l'animal les meut en même temps que son nez : ce sont là les armes qui rendent le rhinocéros redoutable pour les ennemis qui tentent de l'attaquer.

La Girafle.

La girafle sur laquelle les regards se seront arrêtés en entrant dans cette salle , est un animal d'un naturel fort doux, assez commun dans l'intérieur de l'Afrique, et dont on ne peut tirer aucun parti comme monture, à cause de la longueur disproportionnée de ses jambes de devant.

L'Hyppopotame.

Dans la première tribu se trouve l'un des plus grands animaux connus , *l'hyppopotame*, que quelques auteurs ont nommé cheval-marin, parce qu'il habite de grands fleuves, et qu'il plonge avec la plus grande facilité ; mais rien ne le rapproche du cheval, dont les formes gracieuses, la tête élégante, contrastent, au contraire, de la manière la plus frappante, avec le corps lourd et la tête hideuse de l'hyppopotame. Au surplus, cet animal , dont l'aspect a quelque chose d'effrayant , est d'un naturel assez doux , et préfère les plantes aux boissons des fleuves qu'il fréquente : aussi le chasse-t-on loin des terres cultivées, dans lesquelles il ferait beaucoup de dégât. Pour prouver que les hyppopotames sont féroces, on a dit qu'ils se battaient quelquefois entr'eux avec acharnement, sans doute pour leurs femelles ou pour leur nourriture, et que, lorsqu'on les irritait, ils entraient en fureur; mais nos chiens, modèles de toutes les bonnes qualités, se battent également entr'eux, pour les mêmes causes, et ne sont pas plus patiens que d'autres animaux, lorsqu'on les irrite.

Le Renne.

Le renne est l'un des plus utiles pour les habitans des climats très-froids. Cet animal, la principale richesse des Samoïdes et des Lapons, leur est également utile pendant sa vie et après sa mort : vivant, il sert de bête de trait, et fait jusqu'à trente lieues par jour; il marche avec facilité sur la neige gelée, et se nourrit pendant la saison la plus rigoureuse, d'une petite plante (le *lichen* des rennes) qu'il sait trouver sous la neige. Le lait des femelles est une boisson saine; battu, on en retire une espèce de suif, et l'on en peut faire de bons fromages. Leur poil peut se filer pour des étoffes grossières : mort, la chair du renne est une bonne nourriture; sa peau fait du cuir ou même des fourrures; enfin leurs nerfs et presque toutes les autres parties de l'animal, sont d'un usage général pour ces peuples : aussi entretiennent-ils des troupeaux nombreux de ces animaux.

La Taupe.

La manière de vivre de la *Taupe* d'Europe, est d'autant plus connue que, depuis quelque temps, les journaux ont publié une foule de dissertations sur cet animal, et sur la manière de le détruire, qui a été l'objet d'un cours. Mais la taupe avait trop d'ennemis acharnés à sa perte pour qu'il ne se présentât pas d'officieux défenseurs : il s'en est en effet présenté, qui, libres de tout esprit de parti, ont fait retentir dans leurs écrits la voix de la justice et de l'humanité.... Toute plaisanterie cessante, cet animal est digne d'intéresser par sa constance, les tendres soins qu'il prend de ses petits, l'industrie avec laquelle il construit leur berceau pour les mettre à l'abri des inondations, et cet amour du calme, de la retraite, qui lui fait trouver le bonheur là où d'autres ne verraient que l'ennui. La *taupe à crête* nous vient du Canada : les pointes cartilagineuses de son nez se meuvent à la volonté de l'animal.

Les Castors.

Les *Castors* (placés dans le haut de l'armoire suivante) sont considérés depuis long temps comme les animaux les plus industrieux du nord de l'Asie et de l'Amérique, car nos castors d'Europe appelés bièvres en France, et qui sont assez communs dans les îles du Rhône, vivent solitaires dans des terriers, et n'offrent pas le même intérêt au chasseur par le peu de valeur de leur peau; c'est donc aux castors étrangers qu'il faut rapporter les éloges mérités que tous les voyageurs donnent à ces animaux. Ceux-ci, non-seulement construisent en commun de petites huttes destinées à plusieurs individus, mais encore ils se réunissent souvent en grand nombre pour élever les digues qui traversent des courans d'eau considérables, et qui, par leur construction et leur solidité, ont toujours excité l'admiration des voyageurs : aussi bons charpentiers qu'adroits maçons, c'est avec leurs dents que les castors coupent les arbres dont ils font des pieux pour leurs constructions; c'est avec leur queue écailleuse, en forme de truelle, qu'ils préparent la terre dont ils les revêtent; c'est dans le corps même des digues qu'ils placent leurs habitations à double issue, l'un pour aller à terre, l'autre pour plonger sous l'eau, afin de se soustraire à leurs ennemis.

Le Lièvre.

Le lièvre est le symbole de la crainte ; il est extrêment timide : il habite les plaines. Sa chasse est un des principaux amusemens de la campagne; sa peau est une bonne fourrure; elle entre dans la fabrication des chapeaux.

Le Rat.

Le rat est un hôte fort incommode, et serait tout-à-fait insupportable, s'il ne faisait continuellement une guerre à mort à son semblable.

L'Ecureuil.

L'écureuil est un joli petit animal, agréable par sa gentillesse, et amusant par sa vivacité. Il se plait dans les grand bois. Le poil de sa queue sert à faire des pinceaux.

Des Requins.

Tout le monde a entendu comparer les *squales*, et sur-tout les *requins*, aux tigres des déserts. Ces poissons exercent en effet, dans la mer, la même tyrannie que ces quadrupèdes sur la terre; et leur gueule énorme, armée de plusieurs rangées de dents triangulaires et dentelées sur leurs bords, la force de leur queue, tout fait des requins les animaux les plus redoutables, non-seulement pour les poissons, mais encore pour les naufragés, ou même pour les nageurs.

Le squale, et sur-tout le squale *roussette* fournissent aux arts ces peaux appelées *peau de chien* et *de chagrin*, qui servent à polir l'ivoire et le bois, et à couvrir les étuis des boîtes, etc.

La Torpille.

C'est parmi les raies, poissons très voraces, que se trouve la *torpille*; elle doit son nom à l'engourdissement causé par la commotion qu'elle donne lorsqu'on la touche : cette commotion et ses divers effets sont absolument les mêmes que ceux obtenus par nos machines électriques, et se renouvellent comme dans les appareils galvaniques. On trouve la torpille dans le voisinage des côtes de France : sa chair n'est pas fort délicate.

L'Empereur, ou Xiphias espadon.

Le xiphias espadon, appelé aussi l'empereur, se trouve dans toutes les mers, et n'est remarquable que par l'espèce d'épée que forme sa mâchoire supérieure en se prolongeant. Sa chair est assez estimée.

La Morue.

La *morue*, qui est du genre des *gades*, mérite notre attention sous le rapport du commerce immense dont elle est l'objet, et de sa pêche, que plusieurs nations vont faire tous les ans à la pointe de Terre-Neuve. Ses diverses préparations, en la rendant susceptible de se conserver, en ont fait, pour certains peuples, un objet de la plus grande importance ; il en est à qui elle tient lieu de toute autre nourriture, et même de fourrage pour leurs bestiaux. L'on sait que le *hareng*, qui appartient à un genre fort éloigné des gades, offre à-peu-près le même degré d'utilité.

Les Arachnides.

La classe des *arachnides* offre ces animaux que des récits exagérés, autant que leurs formes hideuses, ont rendu des objets de dégoût et même d'effroi : on sent bien qu'elle doit son nom à celui des animaux qui, étant le plus généralement répandu, est, par cela même, le plus connu; à l'araignée enfin, dont les espèces sont très-variées.

Les Scorpions.

Pour suivre l'ordre des genres, nous examinerons d'abord les scorpions, dont les espèces de nos départemens méridionaux sont petites en comparaison de celles de l'Inde; ce sont généralement des animaux fort carnassiers, puisqu'ils se dévorent entr'eux, et mangent même leurs petits. La seule arme dangereuse du scorpion est l'aiguillon en forme de crochet qui termine sa queue. Comme il y a deux petits trous vers le bout de cet aiguillon, le scorpion, au moment où il pique, verse dans la plaie une liqueur transparente qui est quelquefois venimeuse : il paraît que la nourriture de ces animaux influe autant que le climat sur les qualités malfaisantes de cette liqueur, puisque, dans certaines parties de l'Italie, les paysans jouent et se laissent piquer par les scorpions, tandis que des expériences faites sur ceux des environs de Montpellier ont prouvé que quelquefois ces derniers étaient très-dangereux. Les scorpions ont huit yeux.

Les Araignées.

La plupart des araignées ont également huit yeux; quelques-unes n'en ont que six :

ils sont toujours placés régulièrement, mais de diverses manières, dans les différentes espèces. L'on sait que ces animaux sont très carnassiers, et que la plupart tendent des pièges ou des filets aux autres insectes.

L'araignée domestique, place sa toile horisontalement dans les encoignures des murs et des fenêtres. *L'araignée de cave*, tapisse d'une toile le trou qui lui sert de retraite, et ne file que quelques soies au dehors. *Quelques araignées vagabondes* et *sauteuses*, courent après leur proie, sans lui tendre de filets. *L'araignée des jardins* est une des plus grandes. Avertie par le plus léger mouvement, l'araignée accourt du milieu de sa toile ; si l'insecte est petit, elle l'emporte dans son trou, s'il est gros, elle commence par s'en assurer, en l'entortillant de nouveaux filets, et le dévore sur la place : la femelle dépose ses œufs dans son nid ; les petits se mettent à filer, sitôt qu'ils sont éclos.

Les *faucheurs* et les *pinces*, que l'on trouve quelquefois dans les bibliothèques, ne présentent rien d'intéressant.

Le nombre des araignées décrites jusqu'à ce jour, s'élève à plus de cent cinquante espèces.

Les Pous.

On compte plus de cent espèces différentes de pous qui habitent sur l'homme et sur tous les animaux.

(43)

M E T A U X.

Le Platine

Fut inconnu en France jusqu'en 1735, où il fut découvert au Pérou. On ne l'a encore trouvé que dans les mines d'or de l'Amérique ; c'est le plus dur des métaux : une médaille en platine, représentant le premier Consul, a éprouvé deux mille coups de balancier.

L'Or.

On le trouve en plus grande abondance au Mexique et au Pérou ; plusieurs fleuves charient de l'or. L'art le réduit en fil d'une extrême finesse et en plaques encore plus minces.

L'Argent.

L'argent est très-brillant et très-ductile ; il en existe beaucoup de mines en Europe. On l'emploie aux mêmes usages que l'or.

Le Mercure.

Le mercure est aisé à reconnaître à sa fluidité constante, il ne se perd qu'à un degré de froid de quarante - six degrés. Sa couleur et sa fluidité l'ont fait appeler *Vif argent* ; cependant il n'a aucun rapport avec l'argent ; ses usages sont infiniment multipliés.

ARBRES ÉTRANGERS.

Le Banatier.

Cet arbre dont les longues feuilles d'un beau verd semblent devoir remplir inces-

samment toute la serre, croît naturellement dans les pays chauds de l'Asie, de
l'Afrique et de l'Amérique ; on donne à son
fruit le nom de *Régime*. On est parvenu à le
faire fleurir, et son régime a été, dans le
temps, présenté à l'épouse du premier
Consul Bonaparte.

Ce régime est un rameau de la grosseur
du bras, chargé d'environ deux cents fruits
ou banades, du volume et de la force de nos
concombres. Ces fruits ont une chair moël-
leuse et un goût agréable. On en prépare,
par infusion dans l'eau, une boisson sucrée
pour les nègres.

Lanatier, palmier en éventail.

Cet arbre, des îles antilles, a beaucoup
de hauteur et peu de grosseur; ses feuilles,
aux sommités des branches, ont la forme
d'un éventail. Les habitans en couvrent
leurs maisons, s'en servent de parasol, et
les font entrer dans divers ouvrages. Le
fruit qu'on nomme *pomme de bache*, est
fort estimé parmi eux. Le tronc de cet arbre a très-peu de bois, mais une grande
quantité de moële, semblable à de la filasse.

Palmier-dattier.

Le palmier-dattier croit presque partout
sur les côtes septentrionales de l'Afrique,
du mont Atlas; il s'élève à la hauteur de
soixante-dix-huit pieds ; parvenu au der-

nier terme de son accroissement, il peut voir trois générations humaines.

Canne à sucre.

Ce roseau croît naturellement dans les Indes, aux îles Canaries, dans les pays chauds de l'Amérique. Il se plaît dans les terreins gras et humides. On couche les tiges de roseaux dans des sillons préparés ; de chaque nœud s'élève une tige : lorsqu'elles sont mûres, on en ôte les feuilles, on les écrase sous des meules, on en retire une liqueur douce, visqueuse, qu'on nomme *miel de canne*; le sel essentiel qu'il contient est le sucre : comme cette liqueur est très-susceptible de fermentation, au lieu de retirer le sucre par crystallisation, on emploie la voie la plus prompte, la coagulation. On met ce miel dans des chaudières sur le feu, on y ajoute à plusieurs reprises une eau de chaux et une lessive de cendres : la liqueur se clarifie, se coagule ou se crystallise confusément ; c'est la *moscouade*; celle qui reste liquide est la *mélasse* : on fait fondre la moscouade dans l'eau pour la purifier. On réitère les mêmes opérations, elle paraît sous la forme de la *cassonade*; on la met dans des vases de terre conique, percés par le sommet ; on verse dessus de la terre blanche, délayée dans de l'eau : cette eau, en descendant et filtrant à travers la cassonade, dépouille le sel essentiel du sucre de toutes les particules mielleuses qui l'enveloppent ; ainsi l'on obtient le sucre le plus blanc. On rafine le sucre dans les Colonies, en France, en Hollande et en Angleterre; le sucre de la raffinerie d'Orléans, quoique moins blanc, est le plus estimé, parce qu'il sucre davantage.

On retire du bambou, de l'érable du Canada, un suc essentiel analogue à celui du sucre. M. Margraff a même fait des essais pour en retirer de plusieurs de nos plantes potagères, tels que carottes, panais, betteraves, etc.

Cafeyer.

Cet arbre est originaire de l'Arabie heureuse, et très-fréquent dans la province d'Yemen. On l'a transporté à Batavia, à Surinam, à Java, à Bourbon, et dans plusieurs îles de l'Amérique : dans nos serres chaudes, il n'acquiert guères plus de deux pouces de diamètre, et ne peut y végéter que dix à douze ans ; dans le pays où on le cultive, il vient à quarante pieds de haut, il est couvert dans presque toutes les saisons de fleurs et de fruits : aux fleurs de forme de jasmin, succèdent les fruits, d'abord verts, rouges dans leur maturité, la chair en est fade, mucilagineuse, et renferme la semence connue sous le nom de *café* : le café moka est le plus estimé, on le reconnaît à sa couleur jaune, à son odeur suave et agréable. La connaissance des propriétés du café est due, dit-on, à un chef de monastère, qui, témoin de l'effet que produisait ce fruit sur les boucs et les chèvres, en fit boire l'infusion aux moines, pour les empêcher de dormir pendant l'office. Son usage n'était pas connu avant le dix-septième siècle.

Cotonnier.

Cet arbre croît dans l'une et dans l'autre Inde : les cotonniers ne demandent presque pas de culture ; leurs gousses rondes contiennent des semences enveloppées par des aigrettes de coton ; le coton de pierre est celui où les graines, au lieu d'être éparses dans la gousse, sont ramassées en tas dans le centre, serrées et enveloppées de duvet ; c'est la plus belle espèce : on en élève beaucoup à la Martinique et dans plusieurs autres îles. On ramasse toutes les gousses, lorsqu'elles sont mûres ; on les expose au soleil pour qu'elles s'ouvrent, on les porte au moulin, qui sépare le grain du coton, on en fait des balles de deux cents et trois cents livres.

Arbre du Pain.

Cet arbre croît dans l'île de Tinian ; son fruit, nommé par les Indiens Rima, long de sept à huit pouces, presqu'oval, n'étant pas encore entièrement mûr, a le goût du cul d'artichaux ; les gens de l'équipage de l'amiral Anson, attaqués du scorbut, descendirent dans cette île fortunée, en mangèrent et préférèrent ce fruit au pain ; ils furent de plus guéris du scorbut. Ce fruit

entièrement mûr, a une odeur agréable
et un goût approchant de celui de la pêche.

Papyrus.

Espèce de souchet qui croît particulièrement en Egypte, sur les bords du Nil,
les Egyptiens employaient cette plante à
divers usages ; ils en faisaient des paniers,
des souliers, des habits, de petites barques,
des voiles et du papier pour écrire. La tige
du Papyrus est composée de plusieurs
membranes l'une sur l'autre, qu'on sépa-
rait avec une aiguille et qu'on étendait sur
une table mouillée, pour donner à ces
feuilles la longueur qu'on souhaitait : celles
qui étaient près de la moële, étaient les plus
fines et les plus estimées. Les Romains ont
long-temps fait usage de ce papier, qu'ils
préparaient diversement : le papier dont
nous nous servons, ne fut composé et
connu qu'en 1470.

Les animaux vivans se voient tous les
jours depuis onze heures jusqu'à six.

Les galeries sont ouvertes pour le public,
le mardi et le vendredi, depuis trois heures
jusqu'à sept seulement; et pour les étudians,
le lundi, le mercredi et le samedi, depuis
onze heures jusqu'à deux.

FIN.

9 782329 322940